Ángel Monzalvo Hernández
Juan M. Islas-Islas
Noel-Ivan Toto-Arellano

Aplicaciones de interferometría de corrimiento de fase simultáneo

Ángel Monzalvo Hernández
Juan M. Islas-Islas
Noel-Ivan Toto-Arellano

Aplicaciones de interferometría de corrimiento de fase simultáneo

Estudio de objetos dinámicos de fase

PUBLICIA

Cover image: www.ingimage.com

Publisher:
PUBLICIA
is a trademark of
Dodo Books Indian Ocean Ltd., member of the OmniScriptum S.R.L Publishing group
str. A.Russo 15, of. 61, Chisinau-2068, Republic of Moldova Europe
Printed at: see last page
ISBN: 978-620-2-43271-9

Este libro este dedicado a la Memoria del

Dr. Gustavo Rodríguez Zurita

El Dr. Gustavo Rodríguez Zurita realizo un Doctorado en Física (1987-1990) en la Universidad Friedrich-Schiller-Universität Jena (Thüringen, Alemania) recibiendo la distinción Cum Laude, sus estudios de Maestría en Ciencias (Óptica, 1976-1978) en el Instituto Nacional de Astrofísica, Óptica y Electrónica INAOE Tonantzintla, Pue. (México) y sus estudios de Licenciatura en Física (1971-1974 en la Facultad de Física por la Universidad Veracruzana Xalapa, Ver.

Su producción científica es muy extensa por mencionar algunas, publico 75 artículos en revistas internacionales con arbitraje, 45 resúmenes en extenso en Proceedings con arbitraje, realizo 213 ponencias en congresos nacionales e internacionales, impartió 191 cursos de Física experimental y teórica (profesional y posgrado), escribió 3 libros (autor) y 4 libros como coautor. Dirigió 32 tesis (20L, 5M, 6D; 1PD), fue responsable de 2 proyectos-SEP 9 CONACYT de investigación o infraestructura, tenía la distinción como investigador nacional Nivel-2.

Para la Universidad Tecnológica de Tulancingo, siempre fue un gran amigo, apoyo a nuestros estudiantes, recibiéndolos para estadías de TSU e Ingeniería, visitas a sus laboratorios y talleres, siempre estuvo al pendiente del desarrollo y crecimiento de nuestros colaboradores apoyándonos con equipo prestado y orientándonos en todo momento.

El Dr. Gustavo Rodríguez Zurita, se nos adelantó el 21 de abril de 2020 y subió a tomar su lugar entre las estrellas.

Es difícil de aceptar la desaparición de un amigo tan querido con quien había compartido tanto.

Recordaremos los momentos de alegría, así como las pruebas más difíciles que superamos juntos.

Tus amigos extrañaremos su amistad incondicional y fiel, eras un amigo siempre atento y dispuesto a escuchar nuestros problemas y ayudarnos a darle solución.

Él Zura nos enseñó que,

"Si podemos hacer algo bueno por los demás, tenemos la obligación de hacerlo"

No nos alcanzara la vida para lamentar su perdida, pero seguiremos trabajando arduamente en Su memoria por "el bien de todos".

Siempre vivirás en nosotros.

Agradecimientos CONACYT

Agradezco al ***Consejo Nacional de Ciencia y Tecnología (CONACYT)*** y a la Universidad Tecnológica de Tulancingo por su apoyo para la realización de este libro que es parte del proyecto titulado "***Estudio de las propiedades físicas de estructuras y microestructuras dinámicas de fase usando propiedades de polarización con interferometría de corrimiento de fase simultaneo***" (***A1-S-20925***) aprobado bajo la ***Convocatoria de Investigación Científica Básica 2017-2018 del Fondo Sectorial de Investigación para la Educación.***

Índice

Agradecimientos CONACYT 4

Contenido del libro 7

Introducción 8

CAPÍTULO I 11

Conceptos básicos 11

1.1 Frente de onda 11

1.2 Interferencia 18

1.3 Experimento de Young 27

1.4 Experimento de Michelson and Morley 28

CAPÍTULO II Polarización 32

2.1 Polarización 32

2.2 Polarización de Ondas Electromagnéticas Planas 35

2.2.1 Polarización Lineal 36

2.2.2 Ley de Malus 37

2.2.3 Polarización Circular 39

2.2.4 Polarización Elíptica 40

CAPITULO III 44

Técnicas de Corrimiento de Fase 44

3.1 Técnicas de Corrimiento de Fase Utilizando un Piezo-eléctrico 45

3.2 Técnicas de Corrimiento de Fase por Polarización usando mascarillas de micropolarizadores 47

CAPÍTULO IV Corrimiento de Fase por Polarización y rejilla de difracción 49

4.1. Transformada de Fourier de una Malla de fase 50

4.2. Modulación y contraste de franjas 52

CAPÍTULO V 57

ALGORITMO PARA LA RECUPERACIÓN DE LA FASE ÓPTICA 57

5.1. Algoritmo de 4 pasos. 59

CAPÍTULO VI 61
RESULTADOS EXPERIMENTALES 61
6.1 Arreglo óptico del interferómetro 61
6.2. Análisis de objetos estáticos 64
6.3. Análisis de objetos dinámicos 65
CAPÍTULO VII 67
CONCLUSIONES 67
REFERENCIAS 69

CONTENIDO DEL LIBRO

El contenido de este libro está distribuido en cinco capítulos en los cuales se presentan los fundamentos teóricos y resultados experimentales obtenidos en el proyecto. La nomenclatura de las figuras y ecuaciones se establece conforme al capítulo que las contiene. Las citas bibliográficas referenciadas se listan al final del libro.

CAPÍTULO I. Se presentan algunos conceptos básicos del fenómeno de interferencia, una breve descripción del experimento de Michelson-Morley.

CAPÍTULO II. Se presentan los conceptos básicos de modulación por polarización.

CAPÍTULO III. Se presentan las técnicas básicas de corrimiento de fase en interferometría.

CAPÍTULO IV. Se la técnica de corrimiento de fase por polarización con rejilla de difracción.

CAPÍTULO V. Se describe el método usado para procesar la fase óptica.

CAPÍTULO VI: Se presentan los resultados experimentales utilizando corrimientos de fase por polarización, así como las conclusiones generales del trabajo presentado.

CAPÍTULO VII. Se presentan las conclusiones generales del trabajo realizado.

INTRODUCCIÓN

El estudio que se presenta está basado en técnicas interferométricas de corrimiento de fase para el cálculo de la fase óptica, convencionalmente el corrimiento de fase por etapas en interferometría se realiza usando elementos mecánicos u optoelectrónicos anclados al sistema para generar corrimientos por etapas y con ello poder calcular la fase óptica; considerando ello en este libro se ha analizado las ventajas de usar un interferómetro de Michelson acoplado a un sistema 4f con rejilla de fase y modulado por polarización para estudio de objetos de fase delgada estáticos y dinámicos, esto último se logra obteniendo los corrimientos de fase necesarios para procesar la fase óptica, en una sola captura de la cámara.

En primera instancia se analizan las características de difracción de las rejillas de fase y los efectos que generan en los patrones de interferencia que genera el interferómetro de Michelson polarizado. El estudio de estos efectos de difracción proporciona información valiosa que nos permite simplificar el sistema desarrollado y mejorar su desempeño.

Los corrimientos de fase necesarios para calcular la fase óptica se generan operando polarizadores lineales. Existen otras técnicas para recuperar la fase óptica tales como las de Fourier sin embargo estas técnicas requieren alta densidad de franjas lo que experimentalmente requiere mejores técnicas de procesamiento y de cámaras de alta resolución, en el caso de la técnica de corrimiento de fase, se pueden tener las siguientes ventajas:

I. Se puede tener una baja densidad de franjas para procesar la fase óptica, por lo que los algoritmos involucrados son de fácil implementación.
II. Se puede aplicar a cualquier tipo de franjas ya sean cerradas o abiertas
III. La técnica tiene una buena razón señal a ruido ya que se toman al menos tres imágenes que contribuyen a un promedio, sin embargo, en este trabajo se usaran solo cuatro franjas usando un algoritmo conocido para procesarlas.

Entre las desventajas se pueden mencionar las siguientes:

IV. Dado que es necesario tomar al menos cuatro imágenes para poder procesar la fase óptica, se tiene que realizar una operación de registro de las imágenes para poder separar las cuatro imágenes obtenidas en una sola toma.
V. En el caso de que el objeto pudiera ser birrefringente, introduce errores en los corrimientos de fase, lo que se refleja como errores en la recuperación de la fase óptica.

El objeto de estudio corresponde a un frente de onda, la superficie de vidrio de un cubre objetos y una muestra de células rojas fijadas por frotis sobre un portaobjetos, para el caso dinámico se presenta el campo de temperaturas generado por la flama de una vela.

CAPÍTULO I

CONCEPTOS BÁSICOS

1.1 Frente de onda

El principio de Huygens fue establecido por el científico holandés Christian Huygens en 1678 [1-4], es un método geométrico para encontrar a partir de la forma conocida de un frente de onda en algún instante dado, la forma del frente de onda un tiempo después. El principio establece:

Una onda es una perturbación que genera una deformación del medio con respecto a la dirección que se traslada, en función del tiempo. Lo que se busca al describir una onda es conocer en cualquier punto o instante lo que sucede en el medio de transmisión, con relación a la velocidad en que se traslada, si se determina un punto de partida a partir del origen O como el primer instante analizado t1 podemos decir que (y=f(x,t)) donde x es el punto o instante y t el tiempo, O'(x,t) define que la perturbación comparte un inicio, por ello para el momento dos (t_2) la función es (f(x´)) no cambia con respecto al tiempo, solo la posición, asumiendo que se iguala la velocidad a la que viaja la onda.

Dado esto podemos asumir que:

$$y = f(x \pm vt) \tag{1}$$

donde v es la velocidad y t el tiempo, lo cual define a una onda viajera (figura 1). si $z = x \pm vt$ entendemos que $y = f(z)$. Una vez es determinado el desplazamiento se puede obtener su variación temporal a través de la velocidad, analizándola con respecto al tiempo y a su posición, para el tiempo;

$$y = \frac{\partial y}{\partial t} = vy = \frac{\partial}{\partial t} f(z) = \frac{df}{dz}\frac{\partial z}{\partial t} = \pm v \frac{df}{dz} \quad (2)$$

Obteniendo la segunda derivada.

$$\frac{\partial^2 y}{\partial t^2} = \frac{\partial}{\partial t}\left(\pm v \frac{df}{dz}\right) = \pm v \frac{\frac{d^2 f}{dz^2}\partial z}{\partial t} = v^2 \frac{d^2 f}{dz^2} \quad (3)$$

Para la posición:

$$\frac{\partial y}{\partial x} = \frac{df}{dz}\frac{\partial z}{\partial x} = \frac{df}{dz} \quad (4)$$

Obteniendo la segunda derivada.

$$\frac{\partial^2 y}{\partial x^2} = \frac{d^2 f}{dz^2} \quad (5)$$

Despejando $\frac{d^2 f}{dz^2}$ en la ecuación (3) podemos sustituir en la ecuación (4) y obtenemos la ecuación de una onda en una dimensión:

$$\frac{d^2 y}{dx^2} = \frac{1}{v^2}\frac{\partial^2 y}{\partial t^2} \quad (6)$$

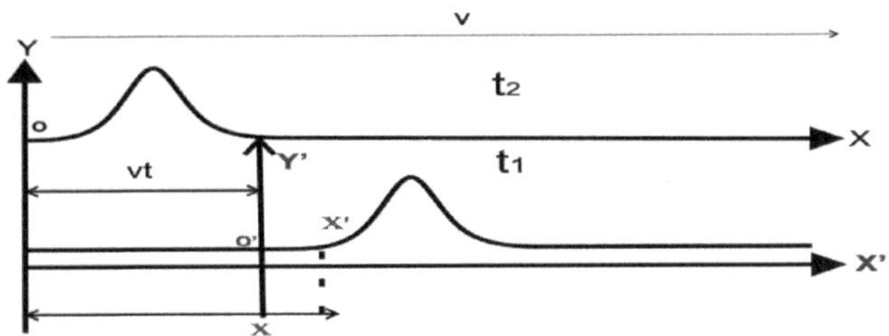

Figura 1. Onda Viajera

Para determinar el comportamiento de una onda electromagnética se hace alusión a las ecuaciones de Maxwell. Cuando Maxwell resumió la teoría electromagnética de su época en sus ecuaciones escribió las siguientes ecuaciones:

La primera es la ley de Gauss que se deriva de la ley de Coulomb.

$$\vec{\nabla} \cdot \vec{E} = \frac{\rho}{\varepsilon} \qquad (7)$$

La segunda es la ley de Gauss para campos magnéticos, esta ley expresa la inexistencia de monopolos magnéticos

$$\vec{\nabla} \cdot \vec{B} = 0 \qquad (8)$$

La tercera ley es la expresión diferencial de la ley de Faraday establece que la tensión inducida en un circuito cerrado es directamente proporcional a la rapidez con que cambia en el tiempo el flujo magnético que atraviesa una superficie vinculando el campo eléctrico y el campo magnético, el signo negativo en referido a la ley de Lenz "El sentido de la corriente inducida sería tal que su flujo se opone a la causa que la produce".

$$\vec{\nabla} \times \vec{E} = -\frac{\partial \vec{B}}{\partial t} \quad (9)$$

La cuarta ley es la ley de Ampere (ecuación 10), para evitar que violara el principio de conservación de la carga Maxwell modifico la ecuación agregando a la corriente de conducción una corriente de desplazamiento (ecuación 11).

$$\vec{\nabla} \cdot \vec{B} = \mu \vec{J} \quad (10)$$

$$\vec{\nabla} \times \vec{B} = \mu \vec{J} + \mu\varepsilon \frac{\partial \vec{E}}{\partial t} \quad (11)$$

$\vec{E}$ - Es el campo eléctrico creado a partir de las cargas

ρ - Es la densidad de la carga

ε - Es la permitividad eléctrica

$\vec{B}$ - Es el campo magnético generado por las corrientes de las cargas

μ - Es la permeabilidad magnética

$\vec{J}$ - Es la densidad de la corriente

En el espacio libre (vacío) las ecuaciones se simplifican al desaparecer las cargas.

Ecuación de Gauss en el vacío para el campo eléctrico

$$\vec{\nabla} \cdot \vec{E} = 0 \quad (12)$$

Ecuación de Gauss en el vacío para el campo magnético

$$\vec{\nabla} \cdot \vec{B} = 0 \quad (13)$$

Ecuación de Faraday en el vacío

$$\vec{\nabla} \times \vec{E} = -\frac{\partial \vec{B}}{\partial t} \quad (14)$$

Ecuación de Ampere en el vacío

$$\vec{\nabla} \times \vec{B} = \mu\varepsilon \frac{\partial \vec{E}}{\partial t} \quad (15)$$

En el álgebra vectorial el triple producto vectorial se presenta como;

$$\vec{A} \times \vec{B} \times \vec{C} = \left(\vec{A} \cdot \vec{C}\right)\vec{B} - \left(\vec{A} \cdot \vec{B}\right)\vec{C} \quad (16)$$

Donde la rotación de la rotación de un campo vectorial puede describirse como:

$$\nabla \times \left(\nabla \times \vec{V}\right) = \nabla\left(\nabla \cdot \vec{V}\right) - \nabla^2 \vec{V} \quad (17)$$

Si se aplica la operación anterior a la ecuación (14) obtenemos

$$\nabla \times \left(\nabla \times \vec{E}\right) = \nabla \times -\frac{\partial \vec{B}}{\partial t} \qquad \nabla\left(\nabla \cdot \vec{E}\right) - \nabla^2 \vec{E} = -\frac{\partial}{\partial t}\left(\nabla \times \vec{B}\right) \quad (18)$$

Sustituyendo $\nabla \cdot \vec{E}$ de la ecuación 9 y $\nabla \times \vec{B}$ de la ecuación (18)

$$-\nabla^2 \vec{E} = -\frac{\partial}{\partial t}\left(\mu\varepsilon \frac{\partial \vec{E}}{\partial t}\right) \qquad \nabla^2 \vec{E} = \mu\varepsilon \frac{\partial^2 \vec{E}}{\partial t^2} \quad (19)$$

Esta ecuación si $\mu\varepsilon$ es sustituido por $\frac{1}{v^2}$ de la ecuación para una dimensión, notamos que cumple con la ecuación para ser descrita como una onda, en este caso es una onda tridimensional o lo que es igual a una onda electromagnética.

$$\nabla^2 \vec{E} = \frac{1}{v^2} \frac{\partial^2 \vec{E}}{\partial t^2} \quad (20)$$

Donde v es la velocidad de propagación

$$v = \frac{1}{\sqrt{\mu\varepsilon}} = \frac{1}{\sqrt{(4\pi\times10^{-7} N/A)(8.8541878176\times10^{-12}\,\mathrm{C2/N{\cdot}m2})}} = 3\times10^{8} ms^{-1} \quad (21)$$

Gracias esta demostración se llega a la conclusión de que la luz es una onda electromagnética [3-6].

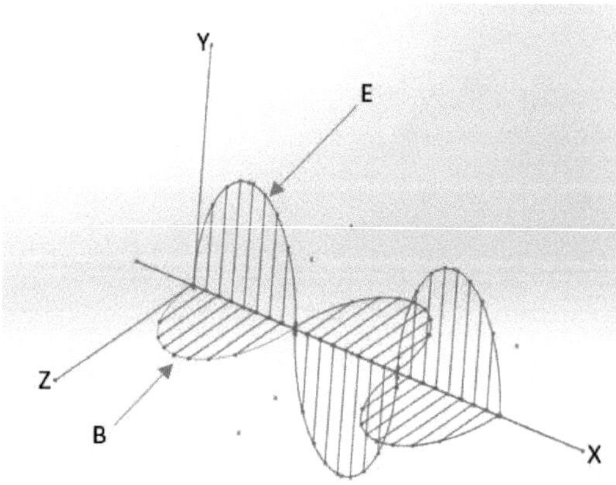

Figura 2. Onda electromagnética

En un momento dado, cuando las teorías ondulatoria (La luz viaja a través del éter) de Huygens y corpuscular (La luz compuesta por partículas) de Newton rivalizaban por definir una comprensión exacta del comportamiento de la luz, parecía inconcebible que existiera una relación, gracias a las ecuaciones de Maxwell se predijo la existencia de ondas electromagnéticas. Maxwell genero la hipótesis de que la luz comprende una porción del espectro de ondas electromagnéticas, Hertz confirmó experimentalmente la existencia de estas ondas, hoy día ya se tiene una mayor comprensión del espectro electromagnético (figura 3) y de las longitudes de onda detectadas por nuestra vista (tabla 1)

Tabla 1 Longitudes de onda del espectro de luz visible

400 - 440 nm	Violeta
440 - 480 nm	Azul
480 - 560 nm	Verde
560 -590 nm	Amarilla
590 - 630 nm	Naranja
630 - 700 nm	Rojo

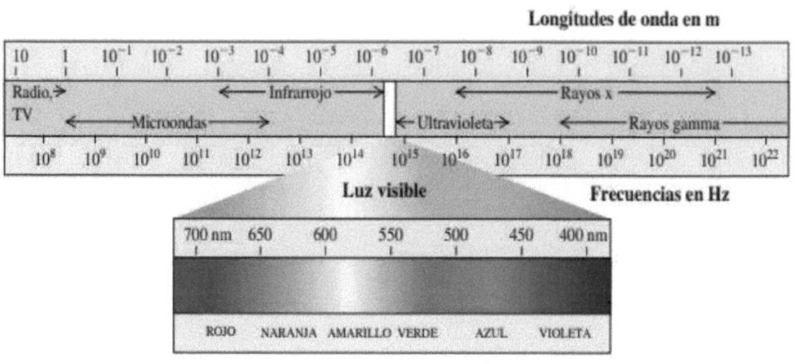

Figura 3. Espectro electromagnético

1.2 Interferencia

Como se comprendió en la sección anterior, la luz no requiere de un medio para propagarse ya que la energía es transportada por el campo magnético $\vec{B}$ y por el campo eléctrico $\vec{E}$, en el caso del estudio de la luz es común centrarse en el estudio del campo eléctrico. Cuando una onda es electromagnética esta es considerada una onda transversal, lo cual significa que la vibración de la onda es perpendicular a su dirección de propagación, por ejemplo, en la figura 2 si la onda se propaga con respecto a x, el campo eléctrico es perpendicular y a su vez el campo magnético también es perpendicular, por ello es que la luz natural tiene su vector eléctrico vibrando en todas las direcciones del plano perpendicular a la dirección de propagación [6]. Por definición un rayo de luz representa la dirección en la que se propaga la energía, las crestas de las ondas luminosas forman la superficie que se denomina como frente de onda siendo una superficie imaginaria donde la fase de la onda luminosa es constante. La distancia entre dos frentes de onda consecutivos con la misma fase es lo que se denomina como longitud de onda. Se dice que la velocidad de la luz es constante en un medio transparente isotrópico en cualquier dirección de propagación del medio y que los rayos de luz son siempre perpendiculares al frente de onda [2], esto lo podemos ver en la figura 4.

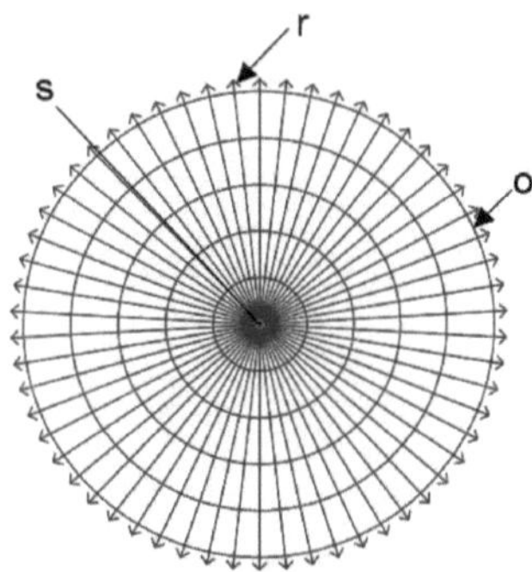

Figura 4. Frente de onda en medio isotrópico, s (fuente de luz), r (rayo con velocidad v y o (frente de onda circular)

La interferometría se basa en la superposición de dos ondas en donde la suma de dos máximos supone una interferencia constructiva y la superposición de un máximo y un mínimo se describe como interferencia destructiva, asumiendo que comparten una frecuencia y una longitud igual, pero desfasadas entre sí. Reiterando que la onda resultante de la superposición de ambas ondas, se obtiene simplemente sumándolas como se muestra en la figura 5 y figura 6.

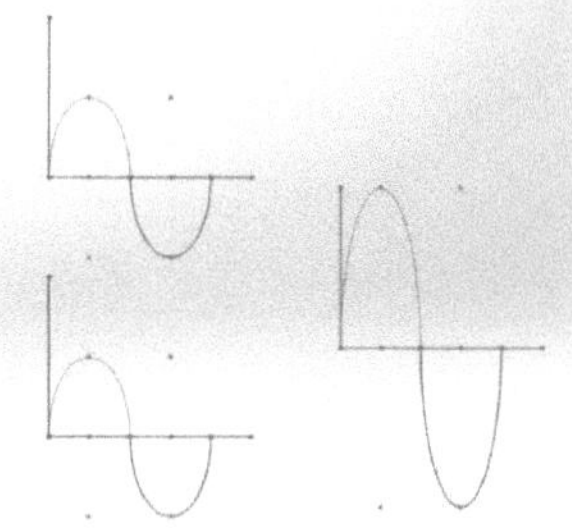

Figura 5. Representación de interferencia constructiva

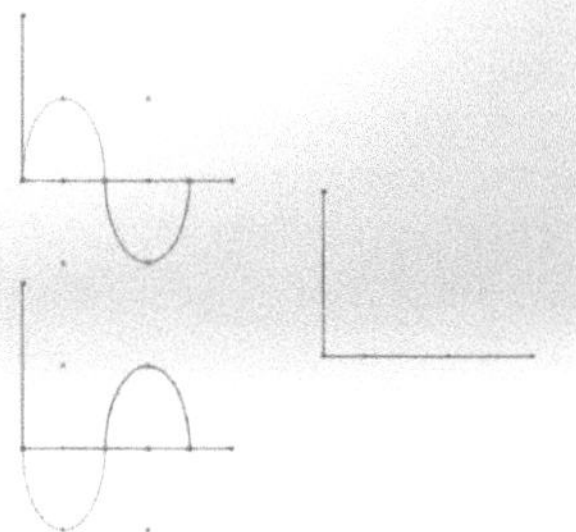

Figura 6. Representación de interferencia destructiva

La diferencia de fase entre las ondas armónicas puede ser debida simplemente a que han recorrido distancias distintas, por lo cual dependiendo del lugar del espacio en donde se analiza la superposición, es posible hallar interferencia constructiva o destructiva [7], algunos de los elementos necesarios para entender una onda de luz se muestran en la figura 7.

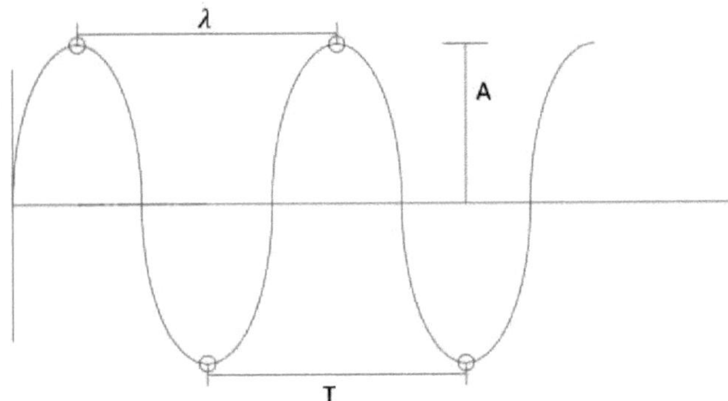

Figura 7. Onda y sus elementos

λ= La longitud de onda es la distancia entre dos puntos en ondas adyacentes
T= El periodo es el intervalo de tiempo requerido para que dos puntos idénticos de ondas adyacentes pasen por un punto $f=1/t$
A= La amplitud de la onda es la máxima posición de un elemento relativo.

Cuando una onda es emitida desde una fuente diferente a otra onda emitida, es posible que se genere una diferencia de fase δ, la cual puede deberse a ligeros retardos temporales, Como ejemplo, supondremos que emitiendo una misma onda armónica (onda plana) desde dos fuentes distintas, pero con un pequeño retardo entre la emisión de una onda y la otra. Entonces, las ondas emitidas pueden describirse como:

$$y_1(x,t) = A\,sen(kx - wt) \quad (22)$$

Y una onda con retardo, puede definirse como;

$$y_2(x,t) = A\,sen(kx - w(t - t_i)\ (23)$$

Donde k es el número de onda y se expresa en rad/m, w es la frecuencia angular expresadas en rad/s (ecuación 22).

$$w = \frac{2\pi}{T} = 2\pi f \quad (24)$$

La frecuencia en Hertz o número de periodos en el medio se expresa como:

$$f = v = \frac{c}{\lambda} \quad (25)$$

El número de ondas se define de la siguiente manera;

$$k = \frac{2\pi}{\lambda} \quad (26)$$

Para definir el coeficiente de velocidad, se define;

$$c = \frac{w}{k} = \frac{2\pi f}{\frac{2\pi}{\lambda}} = \lambda f = \frac{E}{B} \quad (27)$$

Cuando el desfase ya se considera a partir de una diferencia en el camino recorrido, se expresa a la onda plana como;

$$y_2(x,t) = A\, sen(kx - wt - kd) = A\, sen(kx - wt + \delta) \quad (28)$$

Por otra parte, para obtener el desfase del ángulo, se aplica;

$$\delta = -Kd = -2\pi * \frac{d}{\lambda} \quad (29)$$

Realizando una simulación en Matlab podemos entender mejor el ejemplo de las figuras 5 y 6 se utiliza la ecuación de una recta en MATLAB

phi = 0.1*((X) + (Y))(30)

Si se generan dos ondas con igual amplitud y sin desfase, figura 8 y 9, el resultado es la suma de sus amplitudes.

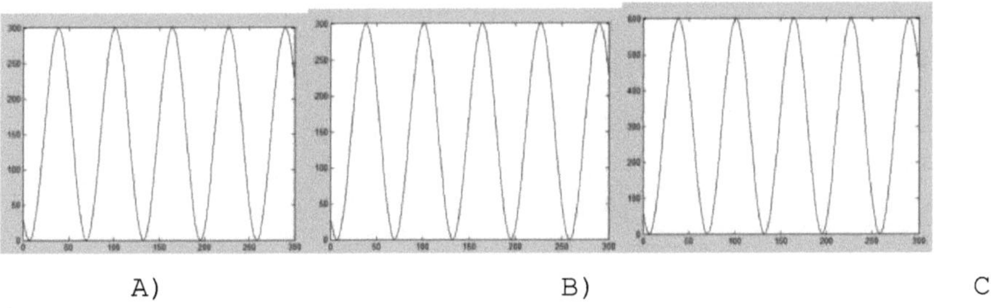

A) B) C)

Figura 8. (A)I1=150sen(phi+0). (B)I2=150sen(phi+0). (C)I3=I1+I2.

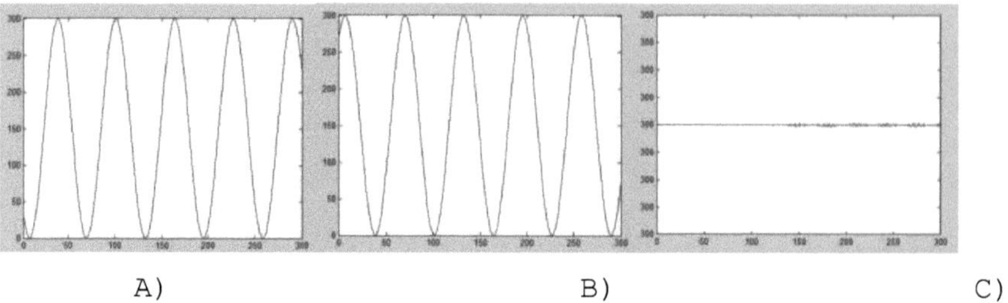
A) B) C)

Figura 9. (A)I1=150sen(phi+0). (B)I2=150sen(phi + pi) (C)I3=I1+I2.

Algunas condiciones que se deben cumplir para que surja una interferencia como ya se observó son, por ejemplo, que para producir una distribución estable su frecuencia debe ser casi igual ya que de no serlo así significaría que resultaría un desfase de variación rápida, debe ser la coherencia espacial y temporal quienes definen el resultado de la interferencia. La longitud de coherencia viene dada si se considera a la luz como una fuente monocromática, recordando que este tipo de fuentes es una mezcla de trenes de onda de fotones. Por lo general al analizar este tipo de fuente se detectan varios rangos de frecuencia que contienen la mayoría de energía y separado por regiones de oscuridad, las regiones brillantes se denominan como líneas espectrales, las transiciones electrónicas responsables de la degradación de luz tienen una duración de $10^{-8}-10^{-9}s$. Debido a que los trenes de onda emitidos son finitos y por ende habrá una amplitud de las frecuencias presentes (ancho de banda). En efecto en cada línea espectral existe un ancho de onda que recibe el nombre de tiempo de coherencia (Δt_c) y la longitud(Δl_c), en la ecuación 31.

$$\Delta l_c = c\Delta t_c \qquad (31)$$

La longitud de coherencia es la extensión en el espacio donde la fase de la onda sinusoidal puede predecirse con seguridad. En cada punto de interferencia en el espacio, existe un campo neto que oscila bien, durante menos de 10 ns antes de cambiar de fase al azar. Este intervalo en el que la onda toma un aspecto sinusoidal es una medida de su coherencia temporal. Para que exista coherencia espacial es requerido que las perturbaciones en cada uno de los puntos separados lateralmente, exista una fase igual [3].

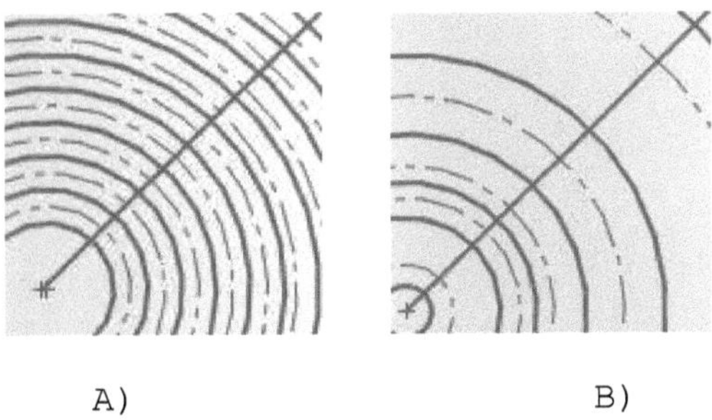

Figura 10. Coherencia espacial y temporal. (A)coherencia espacial y (B)temporal parcial

Las condiciones para lograr una interferencia de luz, son conocidas como las leyes de Fresnel-Arago y son las siguientes:

• Debe existir coherencia entre las ondas que producen interferencia.

• Los haces de luz deben estar polarizados linealmente.

• Los haces deben de ser de una misma frecuencia (monocromáticos)[1].

La coherencia fue referida respecto a la frecuencia aproximada de la luz de (1015Hz). Usando la teoría electromagnética, se puede demostrar que la irradiancia;

$$I = \varepsilon v(E^2) \quad (32)$$

Donde ε es la permitivilidad eléctrica y v es la velocidad de propagación al considerar dos ondas $E = E_1 y E_2$,por ello la irradiancia (el promedio temporal de flujo de energía de la onda de luz) es;

$$I = E_1^2 + E_2^2 + 2(E_1 y E_2) \quad (33)$$

Suponiendo que ambas están linealmente polarizadas las ondas en la ecuación 33 no tiene desfase, con desfase se expresan como;

$$E_1 = A_1 \cos(wt - k_1 z) \quad (34)$$

$$E_2 = A_2\cos(wt - k_2 z + \delta) \quad (35)$$

Combinando la ecuación 34 y 35 la irradiancia considerando la interferencia de ambas ondas se define como;

$$I = I_1 + I_2 + 2\sqrt{I_1 I_2 \cos\delta} \quad (36)$$

1.3 Experimento de Young

EL factor primordial en la producción de interferencia son las fuentes, pues estas deben de ser coherentes, actualmente no existen fuentes oportunamente coherentes, independientes y separadas distintas al laser moderno. Otras fuentes pueden ser coherentes únicamente en el espacio, pero no temporalmente. El doctor Tomas Young buscaba establecer los principios de la naturaleza ondulatoria de la luz, basándose en el experimento de Grimaldi de 1655, doscientos años después, pero a diferencia de Grimaldi que había basado el principio del experimento en la proyección de una imagen del sol en una superficie plana, sin considerar el factor de coherencia, Tomas Young hizo atravesar la luz del sol a través de un agujero inicial (figura 11), un haz espacialmente coherente que podía iluminar de manera similar los dos agujeros siguientes, generando un patrón de interferencia. Hoy en día el láser permite tener una fuente coherente espacial y temporalmente, si una onda plana monocromática ilumina una rendija larga y estrecha, de la rendija primaria, la luz se difracta con todos los ángulos hacia adelante emergiendo una onda cilíndrica, que incide en dos rendijas muy juntas, estrechas y paralelas, es de suponer que donde quiera que las dos ondas se superpongan se producirá interferencia, siempre que la longitud de onda sea menor que la longitud de coherencia [3].

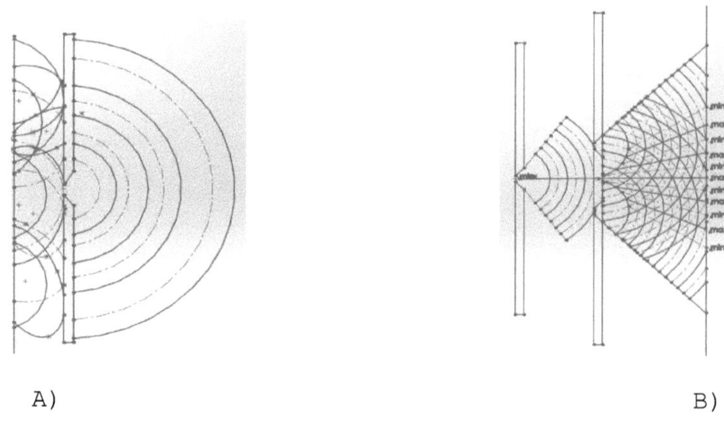

Figura 11. El orificio genera una onda espacialmente coherente pero no temporalmente A), experimento de Young B)

1.4 Experimento de Michelson and Morley

El arreglo original de Albert Abreham Michelson y Edward Williams Morley , mejor conocido como el experimento Michelson-Morley realizado en 1887 (figura 12), es un interferómetro que produce interferencia por división de amplitud; la onda incidente, proveniente de una fuente puntual o coherente como un láser, es dividida en dos en amplitud por una lámina separadora (placas planas paralelas de vidrio) o por un divisor de haz a 45°, siendo un haz reflejado y uno transmitido normalmente en un 50% de su amplitud, cada uno de los haces es enviado a dos espejos planos M1 recibe el has transmitido y M2 al haz reflejado respectivamente. El haz es reflejado por los espejos ahora pasan de manera contraria siendo ahora el haz del M2 el haz transmitido y el haz del M1 el reflejado nuevamente dividida su amplitud a la mitad, juntándose a la salida y generando un patrón de interferencia, el propósito del compensador G2 es hacer que la trayectoria en el vidrio de los dos rayos sea igual (en los casos en que se utiliza luz monocromática no es necesario, pero en el uso de luz blanca es indispensable [8].

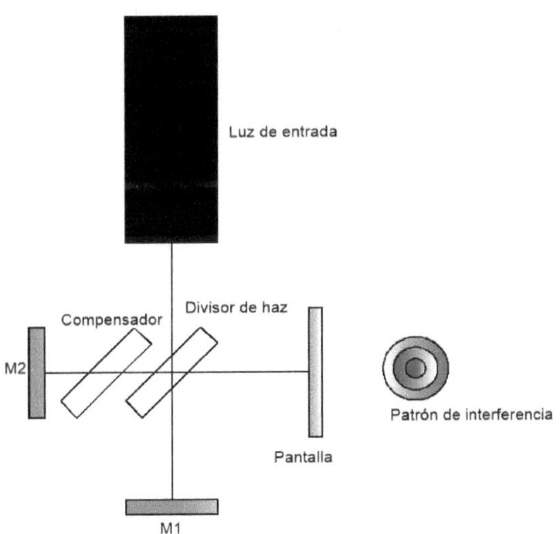

Figura 12. Arreglo Michelson - patrón de interferencia esférico

En este arreglo se basa el principio de los interferómetro de dos ondas donde interfieren los dos frentes de onda, es la suma de las amplitudes$A_1(x,y)$ y $A_2(x,y)$ de las dos ondas que dan como resultado la irradiancia de la siguiente manera[2]

$$I(x,y) = a(x,y) + b(x,y)\cos k(x\ sin\theta - W(x,y)) \qquad [37]$$

Donde $W(x,y)$ representa las deformaciones con respecto a un plano, k es el número de ondas, a y b las amplitudes. La posibilidad de observación de la distribución alterna de las franjas claras y oscuras dependen de la iluminación de fondo. Por eso para valorar la visibilidad o contraste de fondo Michelson introdujo el factor de visibilidad v de la ecuación 37 donde depende de la intensidad máxima y mínima dadas en las ecuaciones 37 y 38

$$I_{max}(x,y) = (A_1(x,y) + A_1(x,y))^2 \quad (38)$$

$$I_{min}(x,y) = (A_1(x,y) - A_1(x,y))^2 \quad (39)$$

$$v(x,y) = \frac{I_{max}(x,y) - I_{min}(x,y)}{I_{max}(x,y) + I_{min}(x,y)} = \frac{b(x,y)}{a(x,y)} \quad (40)$$

Usando la ecuación para la visibilidad la irradiancia se expresa;

$$I(x,y) = I_0(x,y)(1 + v(x,y)\cos k(x\ sin\theta - W(x,y)) \qquad (41)$$

$I_0(x,y) = a(x,y)$ es la irradiancia para un campo libre de flecos, cuando los dos haces son incoherentes entre sí.

Para generar un desplazamiento de fase en principio se puede usar un traductor piezoeléctrico que funciona como un actuador lineal desplazando el espejo M1 el cual funciona como referencia para el análisis del espejo M2. El espejo del plano de referencia se ensambla en un transductor piezoeléctrico que hace posible traducir y aplicar el método de cambio de fase para calcular la fase óptica de las interferencias, uno de los factores importantes e que el transductor piezoeléctrico y su sistema de control es muy caro en comparación a los sistemas de desplazamiento de fase por polarización.

CAPÍTULO II

POLARIZACIÓN

2.1 Polarización

La polarización es una característica de todas las ondas transversales, el tema será abordado tratando el problema desde la perspectiva de la parte visible del espectro electromagnético; sin embargo resulta útil pensar en el problema de una cuerda que en el equilibrio yace, supongamos, a lo largo del eje x. Los desplazamientos de la cuerda podría ser en la dirección y, y la cuerda siempre estaría en el plano xy o por el contrario los desplazamientos podrían ser en la dirección z, y entonces la cuerda siempre estaría en el plano xz, Fig. 13.

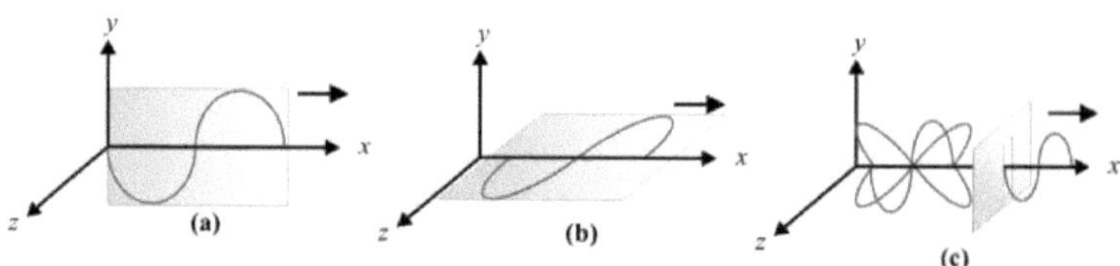

Figura 13. Polarización. (a) Onda polarizada en el plano. (b) Onda polarizada en el plano. (c) Onda no polarizada incidente sobre una rendija.

Cuando una onda oscila solo en el eje y, decimos que esta polarizada en y, Fig. 13(a) o solo en el eje z, decimos que está linealmente polarizada en la dirección z, Fig. 13(b). En el caso de estas ondas en cuerdas (u ondas mecánicas en general) podemos diseñar un filtro polarizador, o simplemente polarizador, que sólo permita el paso de las ondas con cierta dirección de polarización. En la Fig. 13(c) se puede ver que la cuerda puede deslizarse verticalmente en la ranura sin fricción, pero todo movimiento horizontal es imposible, es decir este filtro deja pasar las ondas polarizadas en la dirección y e impide el paso de las ondas polarizadas en otra dirección. Las ondas electromagnéticas (OEM) son transversales, cuando estamos lejos de las fuentes, podemos considerarlas como ondas planas de modo que los campos eléctrico y magnético fluctuantes son perpendiculares entre sí y a su vez cada uno de ellos es perpendicular a la dirección de propagación. Se suele definir la dirección de polarización de una OEM como la dirección del vector campo eléctrico E no la del campo magnético porque muchos detectores comunes de OEM responden a las fuerzas eléctricas sobre los electrones de los materiales pero no a las fuerzas magnéticas.

Así la OEM que se propaga según la dirección positiva del eje xy está representada por:

$$\vec{E}(x,t) = E_0 sen(wt - kx)\vec{j} \qquad (42)$$

Las fuentes de luz que radian ondas en la parte visible del espectro se genera en las moléculas que forman las fuentes de manera que las ondas emitidas por una molécula cualquiera pueden estar, al igual que las ondas emitidas por una antena de radio, linealmente polarizadas, pero como cualquier fuente de luz real contiene un número muy elevado de moléculas con orientaciones al azar la luz emitida por la fuente es una mezcla aleatoria de ondas linealmente polarizadas en todas las direcciones trasversales posibles. A esta luz se le conoce con el nombre de natural o luz no polarizada. Para crear luz polarizada a partir de luz natural no polarizada se usan unos elementos llamados filtros que son dispositivos análogos a la ranura para las ondas mecánicas.

Para la luz visible el filtro polarizador más común es un material conocido con el nombre comercial de Filtro Polarizador, utilizado en gafas de sol y en objetivos de cámaras fotográficas. Dicho material incorpora sustancias que presentan la propiedad de dicroísmo, que significa que presenta una absorción selectiva en la que una de las componentes del campo se absorbe con mucha más intensidad que la otra, de modo que el Polarizador trasmite el 80% o más de la intensidad de una onda polarizada según una dirección paralela a cierto eje del material, llamado eje de polarización, pero sólo él 1% o menos de la intensidad de las ondas polarizadas perpendicularmente a este eje, como se muestra en la Fig.24. En los análisis que siguen se supondrá que los polarizadores son ideales, es decir que permiten el paso del 100% de la luz incidente que está polarizada en la dirección del eje de polarización, pero bloquea totalmente la luz polarizada perpendicularmente al eje de polarización.

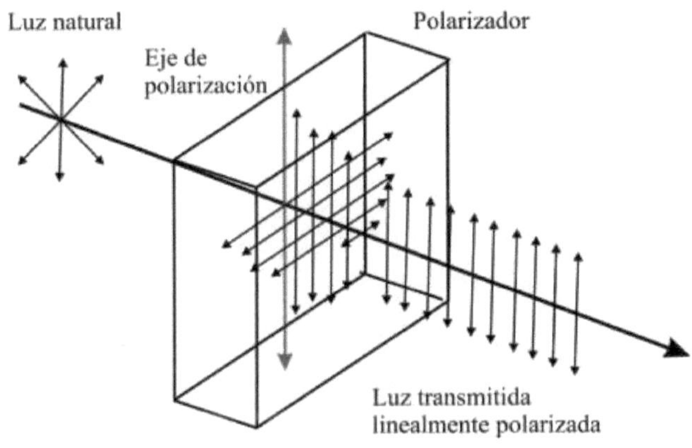

Figura 14. Polarización de la luz natural por un filtro polarizador.

2.2 Polarización de Ondas Electromagnéticas Planas

Como hemos dicho en la introducción, la polarización de una onda plana uniforme describe la forma y el lugar geométrico de la punta del vector $\vec{E}$(en un plano perpendicular a la dirección de propagación) en un punto dado del espacio en función del tiempo. En el caso más general este lugar geométrico es una elipse y decimos que la onda está elípticamente polarizada; y en ciertas condiciones la elipse puede degenerar en una circunferencia o en un segmento de línea recta, en cuyo caso la polarización se llama polarización circular o lineal respectivamente.

2.2.1 Polarización Lineal

Se dice que una onda está linealmente polarizada si las componentes x e y del campo eléctrico están en fase $(\delta = 0)$ o en oposición de fase $(\delta = \pi)$; ya que para todo plano $z = cte$ (en particular $z = 0$) el extremo del campo eléctrico describe una recta en el plano x-y. Si $z = 0$ y $\delta = 0$ o $\delta = \pi$ el campo eléctrico se escribe, respectivamente,

$$\overrightarrow{E_x}(z,t) = E_{0x}cos(kz - wt)\vec{i} \tag{43}$$

$$\overrightarrow{E_y}(z,t) = E_{0y}cos(kz - wt + \delta)\vec{j} \quad , \tag{44}$$

el vector $\vec{E}$ es función del espacio (z) y del tiempo (t). Se han introducido los vectores unitarios i y j para permitir la suma vectorial de ambas ondas. En las dos expresiones, los respectivos argumentos de los cosenos son el estado de la fase y entre las dos existe una diferencia de fase δ. Más adelante se considerará el caso general pero en este momento conviene analizar lo que ocurre para $\delta = 0$. La suma de las dos ondas es $\vec{E}(z,t) = \overrightarrow{E_x}(z,t) + \overrightarrow{E_y}(z,t)$, pero si $\delta = 0$, obtendremos

$$\vec{E}(z,t) = \left(E_{0x}\vec{i} + E_{0y}\vec{j}\right)cos(kz - wt) \tag{45}$$

Esta expresión, idéntica a las anteriores, también corresponde a una onda linealmente polarizada, de amplitud $(E_{0y}\vec{j}+E_{0x}\vec{i})$ y en fase con las dos ondas que la componen, ya que el argumento del coseno es el mismo.

En general las componentes están en fase. Si representamos el vector campo en un instante de tiempo dado, como se muestra en la Fig.15.

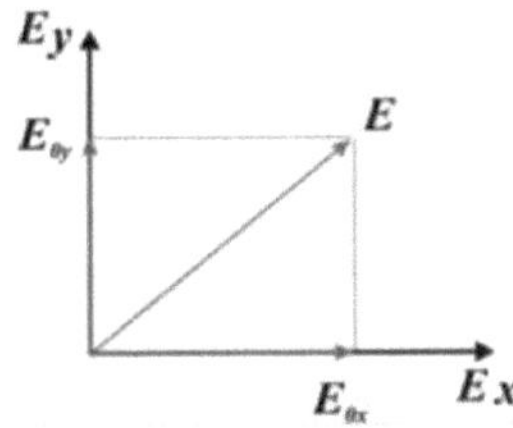

Figura 15. Polarización lineal o plana.

2.2.2 Ley de Malus

Consideremos una OEM (luz) no polarizada que incide sobre un polarizador lineal como se muestra en la Fig. 16, el campo eléctrico de la onda puede descomponerse en dos partes, una paralela al eje de polarización y otra perpendicular a dicho eje; esta parte será eliminada por lo que emerge una OEM polarizada linealmente con su campo eléctrico vibrando en la dirección del eje de polarización. La intensidad de la OEM que emerge del polarizador es justo la mitad de la incidente ya que como la OEM incidente es una mezcla aleatoria de todos los estados de polarización, las dos componentes en las que podemos dividir el campo eléctrico son, en promedio, iguales y debido a que el polarizador sólo deja pasar una componente la intensidad de la OEM emergente será la mitad de la incidente, si esta OEM polarizada linealmente incide sobre un segundo polarizador (analizador) cuyo eje de polarización forma un ángulo θ con el eje del primer polarizador, para conocer la cual será la intensidad trasmitida, podemos descomponer el campo eléctrico de la onda polarizada en dos componentes, una paralela al eje de polarización del analizador (que pasará) y otra perpendicular (que no pasará), como se muestra en la figura. La amplitud de la componente paralela será $E\cos\theta$, y como la intensidad de la onda es proporcional al cuadrado de la amplitud del campo eléctrico, entonces se tiene

$$I = I_0 \cos^2\theta \tag{46}$$

La expresión anterior solo es aplicable si la OEM que incide en el analizador ya está polarizada linealmente; en la expresión I_0 representa la máxima intensidad de la OEM trasmitida [3].

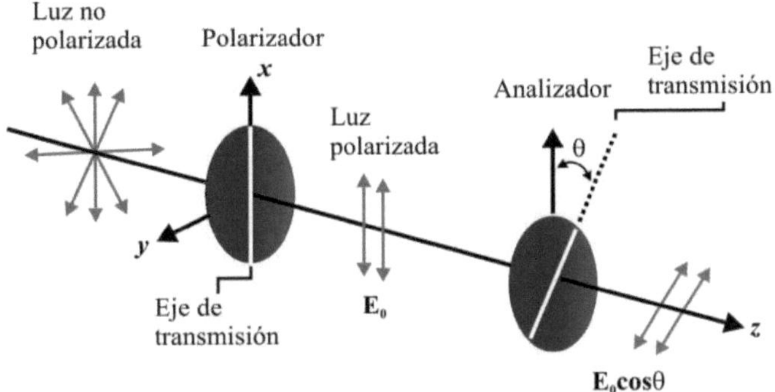

Figura 16. Ley de Malus.

2.2.3 Polarización Circular

Se produce cuando los módulos de las amplitudes de las componentes son iguales ($E_{0x} = E_{0y}$) y la diferencia de fase es $\delta = \pm\pi/2$; si $\delta = \pi/2$ se dice que la polarización es dextrógira o circular a derechas y si $\delta = -\pi/2$ se dice que la polarización es levógira o circular a izquierdas. Matemáticamente podemos expresar la polarización circular como:

$$\overrightarrow{E_x}(z,t) = E_{0x}cos(kz - wt)\vec{i} \quad \text{y} \quad \overrightarrow{E_y}(z,t) = E_{0y}sin(kz - wt)\vec{j} \tag{47}$$

La suma de las dos ondas es $\vec{E}(z,t) = \overrightarrow{E_x}(z,t) + \overrightarrow{E_y}(z,t)$, con $E_{0x} = E_{0y} = E$, y $\delta = \pi/2$, obtendremos

$$\vec{E}(z,t) = E(\vec{i}cos(kz - wt) + \vec{j}\sin(kz - wt)) \tag{48}$$

Tanto para la polarización dextrógira como para la levógira se tiene que el módulo del campo eléctrico es constante, como se muestra en la Fig. 17.

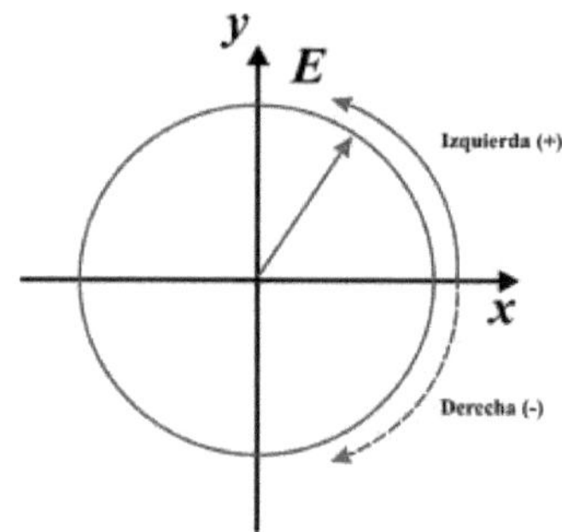

Figura 17. Polarización circular. Vector de campo Eléctrico.

2.2.4 Polarización Elíptica

En este caso el extremo del vector campo eléctrico describe una elipse en el plano perpendicular a la dirección de propagación, cuya forma y el sentido de recorrido dependen de los valores de las amplitudes y del ángulo de fase entre ellas (E_{0x}, E_{0y}, δ). Consideremos ahora que:

$$\overrightarrow{E_x}(x,t) = E_{0x}cos(\beta)\bar{i} \quad \text{y} \quad \overrightarrow{E_y}(x,t) = E_{0y}cos(\beta+\delta)\bar{j} \qquad (49)$$

donde $\beta = kz - wt$, reescribiendo las ecuaciones anteriores, obtendremos

$$\frac{E_x}{E_{ox}} = cos\beta \quad \text{y} \quad \frac{E_y}{E_{oy}} = cos(\beta+\delta) \tag{50}$$

Teniendo en cuenta que $cos(\beta+\delta) = cos\beta cos\delta - sen\beta sen\delta$, podemos escribir:

$$\frac{E_y}{E_{oy}} = cos\beta cos\delta - sen\beta sen\delta \tag{51}$$

sustituyendo $cos\beta = \frac{E_x}{E_{ox}}$ en la Ec. 51, obtenemos

$$\frac{E_y}{E_{oy}} = \frac{E_x}{E_{ox}} cos\delta - sen\beta sen\delta, \tag{52}$$

$$\frac{E_y}{E_{oy}} - \frac{E_x}{E_{ox}} cos\delta = -sen\beta sen\delta \tag{53}$$

Por otra parte, podemos escribir:

$$\frac{E_x}{E_{ox}} sen\delta = cos\beta sen\delta \tag{54}$$

Elevando al cuadrado las dos últimas ecuaciones y sumándolas, obtendremos:

$$\left[\frac{E_x}{E_{ox}}\right]^2 + \left[\frac{E_y}{E_{oy}}\right]^2 - 2\left[\frac{E_x E_y}{E_{ox} E_{oy}}\right] cos\delta = sen^2\delta \tag{55}$$

Esta es la ecuación de una elipse que forma un ángulo α con el sistema de coordenadas E_x y E_y como se muestra en la Fig.18:

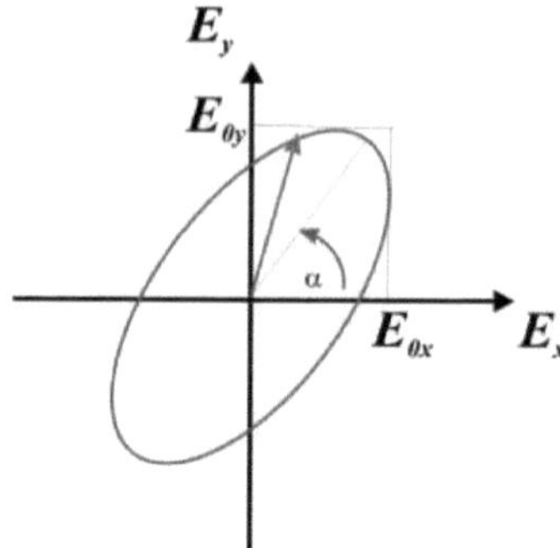

Figura 18. Polarización elíptica. Vector de campo Eléctrico.

donde se puede demostrar que: $\tan(2\alpha) = \frac{2E_{0x}E_{0y}cos\delta}{E_{0x}{}^2 - E_{0y}{}^2}$.

si en:

$$\left[\frac{E_x}{E_{0x}}\right]^2 + \left[\frac{E_y}{E_{0y}}\right]^2 - 2\left[\frac{E_xE_y}{E_{0x}E_{0y}}\right]cos\delta = sen^2\delta \quad (56)$$

Tomamos $\delta = \pi/2$, $E_{0x} = E_{0y} = E_0$ nos queda:

$$\left[\frac{E_x}{E_0}\right]^2 + \left[\frac{E_y}{E_0}\right]^2 = 1 \quad (57)$$

que es la ecuación de un círculo de radio E_0 (polarización circular). Si ahora tomamos, en

$$\left[\frac{E_x}{E_{0x}}\right]^2 + \left[\frac{E_y}{E_{0y}}\right]^2 - 2\left[\frac{E_xE_y}{E_{0x}E_{0y}}\right]cos\delta = sen^2\delta \quad (58)$$

la ecuación anterior $\delta = 0$, tenemos que la ecuación anterior se reduce a:

$$E_x = \frac{E_{0x}}{E_{0y}} E_y \tag{59}$$

que es la ecuación de una recta de pendiente tan(α)= (E_{0x}/E_{0y}), como vimos antes.

En general, los tipos de polarización pueden resumirse en la Fig. 19 (el eje horizontal corresponde a E_{0x} y el vertical a E_{0y}, la flecha indica el sentido de giro y el desfase está indicado en cada caso).

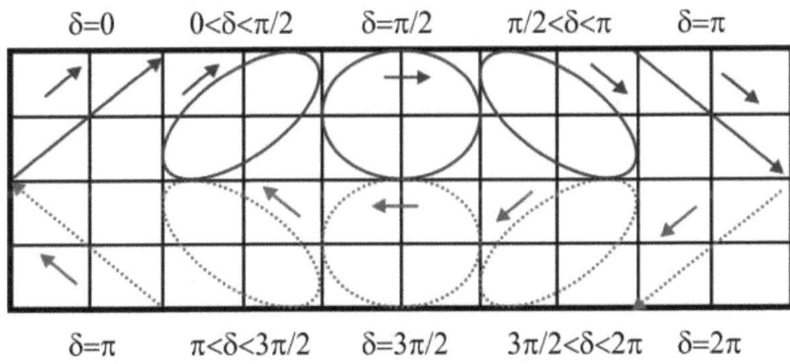

Figura 19. Tipos de polarización, relacionados con la fase.

CAPITULO III

TÉCNICAS DE CORRIMIENTO DE FASE

El objetivo principal de las medidas interferométricas es la evaluación de la distribución de la fase en un patrón de franjas. Entre las técnicas para la evaluación de la fase se pueden mencionar las siguientes: transformada de Fourier (también conocido como método de Takeda) [19-20], de corrimiento de fase y método directo [9-14].

El método de corrimiento de fase logra una mayor precisión en la evaluación de la fase dado el número de imágenes necesario (al menos tres). En cambio, los métodos de Fourier y directo no son lo bastante precisos, ya que solo utilizan un simple interferograma en el cual realizan todo el procedimiento para el cálculo de la fase. Estos dos últimos métodos, sin embargo, son aplicables en eventos dinámicos, dado que no se usa componentes en movimiento [14-18].

Dada la versatilidad del método de desplazamiento de fase, se tiene como objetivo, sustituir el piezo-eléctrico, por métodos de polarización, para introducir el corrimiento de fase en el interferograma. A futuro implementar un sistema en base a esta técnica para el estudio de eventos dinámicos.

3.1 Técnicas de Corrimiento de Fase Utilizando un Piezo-eléctrico

Convencionalmente se desplaza un espejo o una rejilla para generar corrimientos de fase, esta técnica tiene la limitante de estudiar objetos estáticos o con variaciones temporales muy lentas la Fig. 19, muestra el caso en que el corrimiento de fase se realiza moviendo un espejo con un Pieza eléctrico (PZT). Adicionalmente los elementos mecánicos convencionalmente usados pueden generar variaciones en intensidad y por lo tanto errores en las mediciones de fase [19-24].

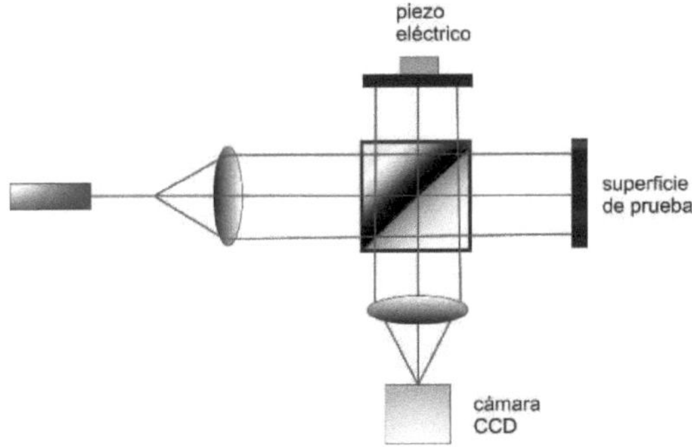

Figura 20. Corrimiento de fase por etapas a partir del desplazamiento de un espejo con un Piezoeléctrico.

En otro caso se usan elementos difractivos, como rejillas de amplitud o fase, en estos casos la rejilla se mueve perpendicular al eje óptico para generar corrimientos de fase en el interferograma. En la Fig. 20 se muestra un sistema interferométrico de trayectoria común o doble ventana con rejilla de Ronchi [16], en este caso la rejilla se mueve operando un actuador, el actuador se debe calibrar para generar los corrimientos de fase necesarios.

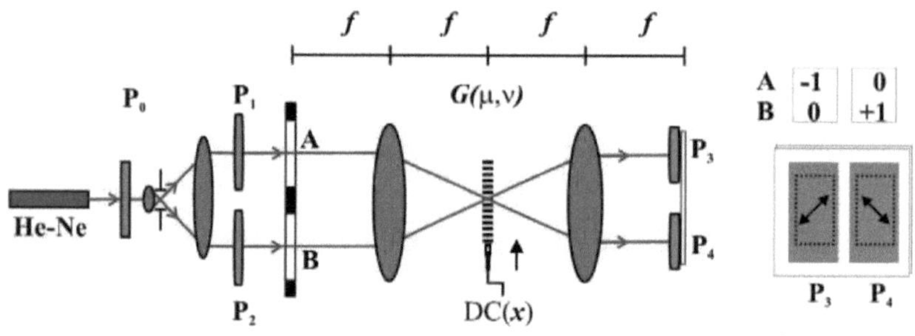

Figura 21.Interferómetro de doble ventana, P:Polarizadores, A,B ventanas. f: distancias focales. G(μ,ν): rejilla de difracción. DC(x): actuador.

3.2 Técnicas de Corrimiento de Fase por Polarización usando mascarillas de micropolarizadores

Existen sistemas interferométricos en los cuales se ha usado una mascarilla de micropolarizadores para generar cuatro corrimientos en una sola toma, en la Fig.21 se muestran estos sistemas [12-13]. Estos sistemas tienen la ventaja de que solo es necesario colocar la mascarilla en la entrada de la cámara CCD, sin embargo, para ello, es necesario primero ajustar y calibrar la CCD junto con la mascarilla de micropolarizadores, y para procesar la información se requieren de algoritmos que decodifiquen el interferograma, adicionalmente es necesario suprimir vibraciones para evitar errores en el cálculo de la fase.

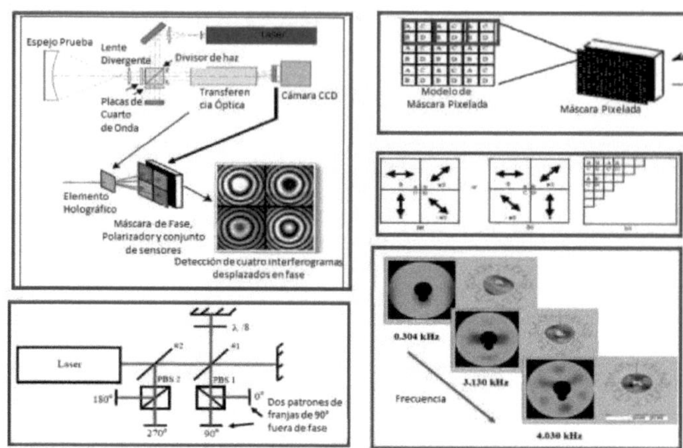

Figura 22. Interferómetro de corrimiento de fase simultaneo con micropolarizades.

CAPÍTULO IV

CORRIMIENTO DE FASE POR POLARIZACIÓN Y REJILLA DE DIFRACCIÓN

La modulación de la polarización es una herramienta de uso frecuente en la interferometría óptica, la holografía digital, ESPI y Shearografía [25-28] debido una que permite el análisis no destructivo de las muestras, la interferometría de corrimiento de fase convencional tiene el inconveniente de usar elementos mecánicos para generar los pasos de fase, los métodos de corrimiento de fase por modulación en polarización tienen la ventaja no usar componentes mecánicas como actuadores o piezoeléctricos para generar los corrimientos de fase, esto permite realizar mediciones de precisión y se reducen las vibraciones en el sistema óptico. Convencionalmente se usan polarizadores lineales y retardadores de cuarto de onda, dispuestos de tal modo, que se generen estados de polarización para poder generar cambios de fase conocidos entre los haces que interfieren. Sin embargo, en algunas situaciones, los retardadores no operan a la longitud de onda del láser usado, con lo que el retraso de fase no es exacto, por tanto, se deben hacer correcciones en los ángulos de los polarizadores lineales para poder generar pasos exactos de $\pi/2$. En este trabajo, se propone una configuración de interferómetro de corrimiento de fase simultánea por polarización, este sistema tiene la posibilidad de ajustar la distancia entre los dos haces que interfieren, y es insensible a las vibraciones mecánicas, se considera además el caso en que no se usan retardadores diseñados para la longitud de onda usada. En el análisis correspondiente se muestran las correcciones necesarias que se harán para conseguir el corrimiento de fase deseado. El sistema óptico que se propone es un interferómetro de Michelson acoplado a un sistema 4f con rejilla de fase.

4.1. Transformada de Fourier de una Malla de fase

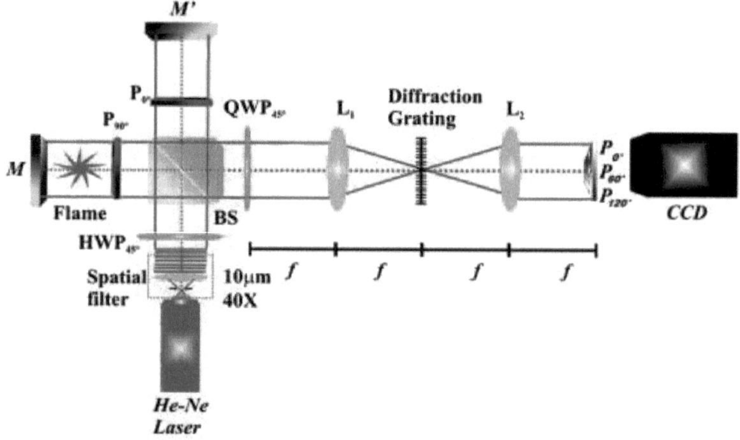

Figura 23. Interferómetro de corrimiento de fase simultáneo que emplea la técnica de difracción y polarización.

En la Figura 22 se muestra un interferómetro de Michelson que se usara como modelo base para el análisis general. El sistema se ilumina con luz láser polarizado a 45°, este estado de polarización se genera usando una placa de cuarto de onda Q y un polarizador lineal P0. Esta configuración permite la generación de dos haces con separación variable. Dos placas retardadoras de cuarto de onda (QL y QR) con sus ejes rápidos mutuamente ortogonales, se colocan delante de los dos haces (A, B) para generar luz polarizada circularmente a izquierdas y derechas [10-13].

Una malla de fase se coloca en plano de Fourier de un sistema 4f como el mostrado en la Fig. 22 como la pupila, la malla de fase se construyó cuidadosamente por la superposición de dos rejillas de fase con sus respectivos vectores ortogonales $G(\mu,\nu)$ [29-30]. En el plano imagen se detectan los órdenes de difracción formando una matriz rectangular. Alrededor de cada orden de difracción, se genera un patrón de interferencia, de manera que la amplitud de los coeficientes Bessel del espectro de difracción de la rejilla, modulan al patrón de interferencia. Considerando que una rejilla tiene su eje de transmisión en dirección "μ" y la otra en dirección "ν", la transformada de Fourier de la malla de fase resultante se puede escribir como:

$$\tilde{G}(x,y)=\sum_{q=-\infty}^{q=\infty}\sum_{r=-\infty}^{r=\infty}J_q\left(2\pi A_g\right)J_r\left(2\pi A_g\right)\delta\left(x-qX_0,y-rX_0\right) \quad (60)$$

la ecuación en (60) representa el espectro de frecuencias modulada por las funciones de Bessel cuyo periodo está dado por x_0.

4.2. Modulación y contraste de franjas

La interferometría de rejilla está basada en el uso de mallas de fase (generadas con dos rejillas de fase cruzadas colocadas en la pupila de un sistema 4-f de doble transformada de Fourier, y de la generación de dos haces o ventanas, las cuales se pueden modelar de la siguiente manera

$$O(x,y) = J_L \cdot A(x - \frac{x_0}{2}, y) + J_R B(x + \frac{x_0}{2}, y) \quad (61)$$

donde J_L y J_R representan los estados de polarización arbitrarios, considerando que α es el retardo inexacto generado por las placas de cuarto de onda, estos vectores se pueden definir como

$$J_L = \begin{pmatrix} 1 \\ e^{i\alpha'} \end{pmatrix}, \quad J_R = \begin{pmatrix} 1 \\ e^{-i\alpha'} \end{pmatrix} \quad (62)$$

donde x_0 representa la separación entre los dos haces. Podemos escribir la amplitud del haz de referencia como $A(x,y)$ y la amplitud de has de prueba como $B(x,y) = \exp\{i\phi(x,y)\}$, donde la fase relativa entre los dos haces esta descrita por la función $\phi(x,y)$. Como se muestra en la Figura 21.1, si se coloca un rejilla con periodo espacial definido por $d = \lambda f / X_0$ en el plano de Fourier, en el plano imagen $\vec{O}'(x,y)$ se observara una imagen que está formada por las repicas de cada haz separado una distancias X_0, esto significa que la imagen que se forma es la convolución de $\vec{O}(x,y)$ con la transformada de la rejilla, es decir:

$$O'(x,y) = O(x,y) * \Im^{-1}\left\{\tilde{G}(\mu,\upsilon)\right\}. \qquad (63)$$

Teniendo en cuenta la condición de ordenes cercanos, donde , $X_0 = x_0$, $q' = q+1$ and $r' = r$, la ecuación en (63) se puede escribir como:

$$O(x,y) * \tilde{G}(x,y) = \\ = \sum_{q=-\infty}^{\infty} \sum_{r=-\infty}^{\infty} \left\{ \vec{J}_L J_q J_r + \vec{J}_R J_{q+1} J_r \cdot e^{\left[i\phi\left(x-(q+\frac{1}{2})x_0,\, y-rx_0\right)\right]} \right\} \qquad (64)$$

Si colocamos un polarizador lineal P_ψ a un ángulo de transmisión ψ, la irradiancia medida resulta proporcional a

$$\left\| J_L' J_q J_r + J_R' J_{q+1} J_r \cdot e^{i\phi(x',y')} \right\|^2 = \\ A(\psi,\alpha') \cdot \begin{bmatrix} \left(J_q J_r\right)^2 + \left(J_{q+1} J_r\right)^2 \\ + 2J_q J_r^2 J_{q+1} \cdot \cos[\xi(\psi,\alpha') - \phi(x',y')] \end{bmatrix}, \qquad (65)$$

donde

$$P_\psi = \begin{pmatrix} \cos^2\psi & \sin\psi\cos\psi \\ \sin\psi\cos\psi & sen^2\psi \end{pmatrix}, \quad J_L' = P_\psi J_L, \quad J_R' = P_\psi J_R ,$$

(66)

y la amplitud $A(\psi,\alpha')$ y corrimiento de fase $\xi(\psi,\alpha')$ estará dado por :

$$A(\psi,\alpha') = 1 + \sin(2\psi)\cdot\cos(\alpha'),$$

$$\xi(\psi,\alpha') = \tan^{-1}\left[\frac{\sin(\alpha')}{\frac{\cot(2\psi)}{1+\tan(\psi)\cdot\cos(\alpha')} + \cos(\alpha')}\right]. \quad (67)$$

La modulación de las franjas m_{qr} de cada patrón tendrá la forma:

$$m_{qr} = \frac{2J_q J_{q-1}}{J_q^2 + J_{q-1}^2} \quad (68)$$

puede verse en ecuación (68) que la modulación de las franjas depende de la fase relativa entre las amplitudes de los coeficientes de Bessel J_q. Para verificar que el retardo inexacto de las componentes usadas, no afecta el procesamiento de la fase en la Figura 23, se muestran las Gráficas de la dependencia del retardo α' como función de la longitud de onda λ y las variaciones del corrimiento de fase ξ y la amplitud como funciones que dependen de los parámetros (α',ξ). La dependencia de α' como función de λ se muestra en la Figura 21.3(a), la línea horizontal continua muestra el caso en que $\alpha'=\frac{\pi}{2}$. En este caso, podemos demostrar que $\xi(\psi,\frac{\pi}{2})=2\psi$ y $A^2(\psi,\alpha')=1$. Las Gráficas de $\xi(\psi,\alpha')$ y $A(\psi,\alpha')$ se muestran en la Figura 23.3(b) y Figura 23.3(c) respectivamente. Experimentalmente los corrimientos de fase se logran después de colocar un polarizador (P_i) sobre cada uno de los patrones de interferencia, cada filtro polarizante se ajusta a diferentes ángulos ψ_i. Las observaciones experimentales sugieren [14] que el número de polarizadores puede reducirse ya que las rejillas de fase producen un corrimiento intrínseco de 180° entre pares de patrones, entonces no será necesario usar un polarizador lineal cubriendo cada patrón, solo se necesitara un polarizador cubriendo dos patrones, de manera que los ángulos de los polarizadores serán $\psi_0=0°$ y $\psi_1=46.577°$, con lo cual se generan corrimientos de fase ξ de $0,\pi/2,\pi$, y $3\pi/2$.

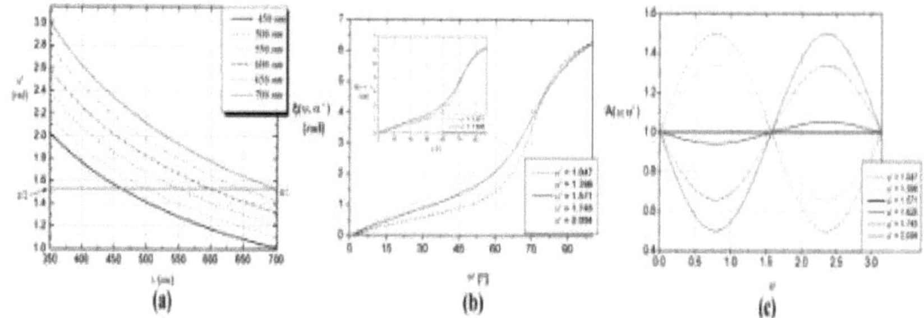

Figura 24. (a) α' como función de la longitud de onda (b) Corrimiento de fase como función del ángulo del polarizador para varios valores del retardo (c) Amplitud como función del Angulo del polarizador para varios valores del retardo.

CAPÍTULO V

ALGORITMO PARA LA RECUPERACIÓN DE LA FASE ÓPTICA

Ya sabemos que un frente de onda es un lugar geométrico el cual está formado por puntos que comparten la misma fase, los métodos matemáticos existentes buscan determinar la diferencia de camino óptico contenido en la información de fase de un patrón de interferencia. Un patrón de franjas es expresado por la ecuación;

$$I(x,y) = a(x,y) + b(x,y)\cos(\varphi(x,y) + \delta) \tag{69}$$

I = Es la irradiancia

a = Luminosidad e fondo

b =Constraste de las franjas

φ =La función que describe a la onda

δ = **Fase introducida**

Si se generan patrones de franjas en base a la ecuación (69) se puede observar el corrimiento de fase de ellas. Realizando una simulación en Matlab se obtienen los resultados mostrados en la figura 24. Para lograr reconstruir una señal en este caso unos frentes de onda se requieren al menos 3 interferogramas con tres valores de fase relativas [14].

De igual forma se pueden generar cuatro patrones con corrimientos relativos de pi/4, como se muestra en la figura 25. Por conveniencia y debido a las características del sistema implementado usaremos cuatro interferogramas para reconstruir la fase óptica [14-31], este método se describirá en la sección siguiente.

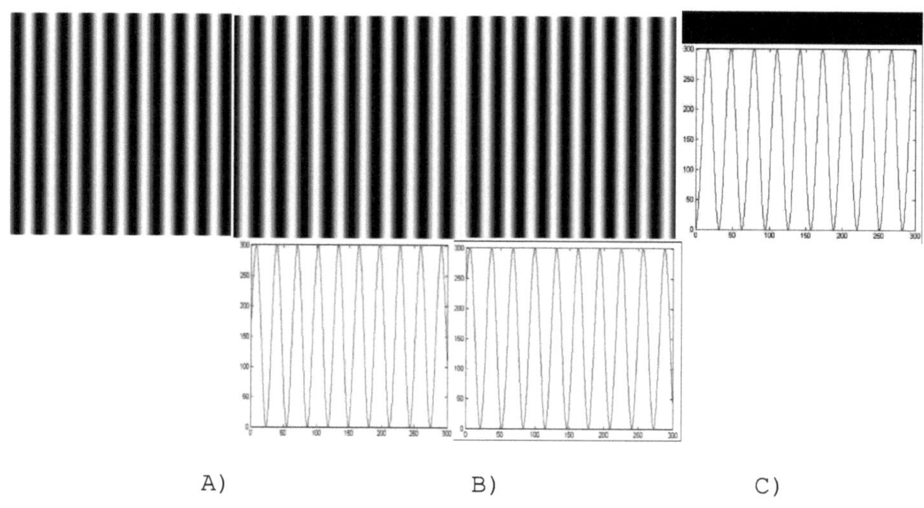

Figura 25. A) I1. B) I2. C) I3.

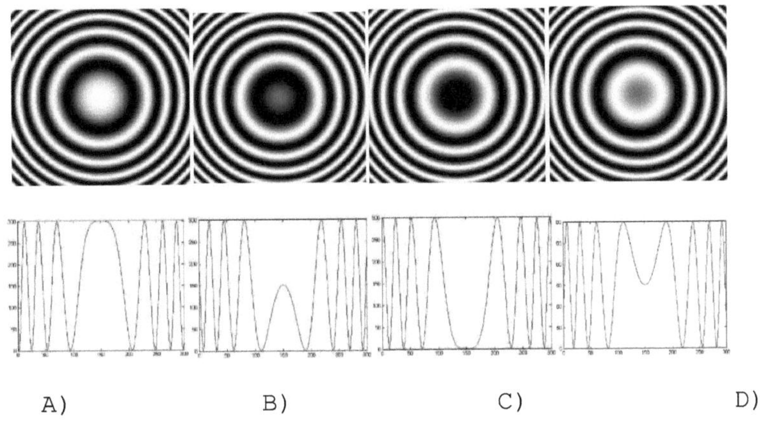

A) B) C) D)

Figura 26. A)I1. B) I2. C) I3. D) I4.

5.1. Algoritmo de 4 pasos.

Los cuatro patrones de interferencia generados conservan sus propiedades de polarización y pueden expresarse de la siguiente manera:

$$I_i(x,y) = A_0 + A_1 \cos[2\psi_i + \phi(x,y)] \tag{70}$$

Donde i= 1,2,3,4 y representa el patrón generado por el polarizador colocado al ángulo i-esimo; es decir , ψ1=0,ψ2=45, ψ3=90 y ψ4=135 se generaran corrimientos relativos de 0 y 90, 180 y 270 respectivamente, lo cual puede expresarse como:

$$I_1(x,y) = A_0 + A_1 \cos[\phi(x,y)] \quad ,$$
$$I_2(x,y) = A_0 + A_1 \sin[\phi(x,y)]$$

$$I_3(x,y) = A_0 - A_1 \cos[\phi(x,y)] \quad ,$$
$$I_4(x,y) = A_0 - A_1 \sin[\phi(x,y)] \qquad (71)$$

Podemos obtener cuatro interferogramas con corrimientos relativos de π/2 en dos tomas de la cámara; la recuperación de la fase se realiza usando el algoritmo de cuatro corrimientos [14,31], la fase óptica puede ser obtenida usando la siguiente ecuación:

$$\phi(x,y) = \tan^{-1}\left[\frac{I_2(x,y) - I_4(x,y)}{I_1(x,y) - I_3(x,y)}\right]. \qquad (72)$$

CAPÍTULO VI

RESULTADOS EXPERIMENTALES

Los resultados que se muestran a continuación fueron obtenidos usando muestras de fase estáticas y dinámicas. Se presentan además resultados con células sanguíneas humanas (inertes) fijadas sobre un cubreobjetos. El arreglo de cuatro polarizadores usado, fue implementado cortando circularmente cuatro polarizadores de una placa convencional Polaroid, para esto se usó una cortadora laser.

6.1 Arreglo óptico del interferómetro

En la figura Fig. 26 se muestra el sistema propuesto, 26(a) muestra el diagrama del sistema y en la figura 26(b) se muestra la fotografía del sistema óptico real, este sistema fue implementado sobre una mesa de suspensión neumática para suprimir las vibraciones ambientales. Este sistema es iluminado con un láser a λ=532 nm, el haz incide sobre el sistema de filtrado espacial (SFS) y se propaga hacia la lente colimadora L0, la cual genera un frente de onda plano, el cual pasa por el polarizador a 45° P0, que polariza a el haz en la misma dirección. El haz polarizado incide en el interferómetro de Michelson(IM), el cual tiene dos variantes, la primera para medir escalas de hasta 25mm y en la segunda se han incluido sistemas de microscopia en cada brazo para analizar micro-objetos. Para el primer caso solo se tienen que retirar los compontes LMO-MO de cada brazo. En cada brazo se colocan los polarizadores P1 y P2 a 0 y 90° respectivamente para generar haces polarizados ortogonales. En la salida del IM, se coloca el QWP el cual genera polarizaciones circulares opuestas. En esta etapa el patrón de interferencia no es detectable debido a los estados de polarización ortogonales [29].

El patrón generado incide en el sistema 4f con rejilla de fase, esta rejilla de fase G(□,□), la cual genera réplicas del patrón incidente centradas alrededor de los órdenes de difracción de la rejilla, estos patrones están modulados por la amplitud de los órdenes de difracción, por ese motivo se usó una rejilla de fase para generar las réplicas, ya que como es conocido[16] el espectro de difracción o Fourier de una rejilla de fase esta modelado por funciones de Bessel, las cuales tienen amplitudes comparables.

En la figura 27 se muestran estos resultados, en 27(a) se presentan las réplicas de los patrones y en la 27(b) se muestran los patrones que se generan colocando un polarizador auxiliar, por conveniencia se usaran los patrones centrados alrededor de las réplicas (0,1), (0,-1), (1,0) y (-1,0). Como se puede ver, los cuatro patrones tienen intensidades comparables ,lo que permitirá usar el algoritmo de 4-pasos de fase para recuperar la fase óptica, para ello se deben colocar un polarizador cubriendo cada patrón a los ángulos $\psi1=0$, $\psi2=45$, $\psi3=90$ y $\psi4=135$, lo cual generarara corrimientos relativos de 0 y 90, 180 y 270 respectivamente. Para poder procesar la fase, los cuatro patrones se deben recortar y normalizar para ello se usa el procedimiento descrito en la referencia [17]

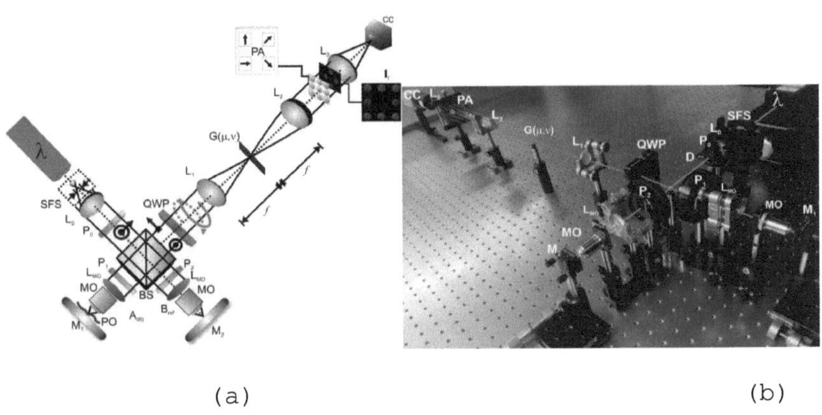

(a) (b)

Figura 27. (a)Diagrama del Interferómetro de Michelson con sistema 4f con doble rejilla. (b)Arreglo experimental.

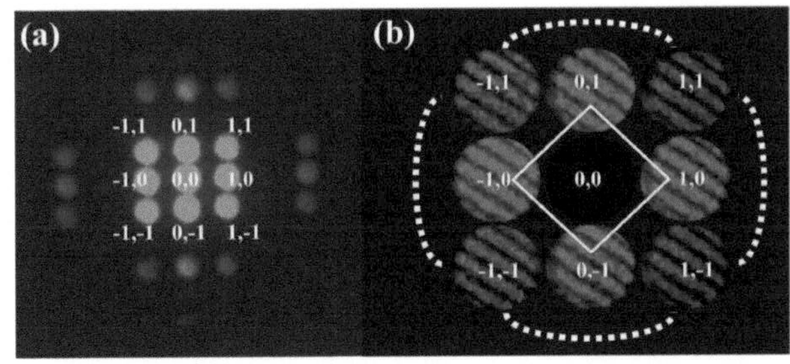

Figura 28. (a) Patrones replicados por la rejilla. (b) replicas usadas para procesar la fase óptica.

6.2. Análisis de objetos estáticos

En la figura 28 se muestran los resultados obtenidos con un acetato tenso. Para estos resultados se usó el sistema en su modo convencional, es decir son los objetivos de microscopios en los brazos. En 28(a) se presentan los 4 patrones obtenidos de forma simultánea, en 28(b) se despliegan los 4 patrones procesados. En 28(c) se presenta la fase envuelta en escalas de grises y en 28(d) se presenta la fase óptica recuperada, se puede notar en la fase la deformación generada por tensión sobre el acetato. En la figura 29 se muestran los resultados obtenidos con una muestra de células sanguíneas, fijadas por frotis sobre un portaobjetos, para este caso el sistema se usó colocando los microscopios en cada brazo del IM. En 29(a) se presentan los 4 patrones obtenidos de forma simultánea, en 29(b) se despliegan los 4 patrones procesados, se puede notar claramente la deformación en los patrones que generan las células sanguíneas. En 29(c) se presenta la fase envuelta en escalas de grises y en 29(d) se presenta la fase óptica recuperada, en las imágenes se observan claramente la morfología de las células estos resultados son muy importantes en áreas biomédicas, debido a que la forma de una célula puede ser indicador de enfermedades.

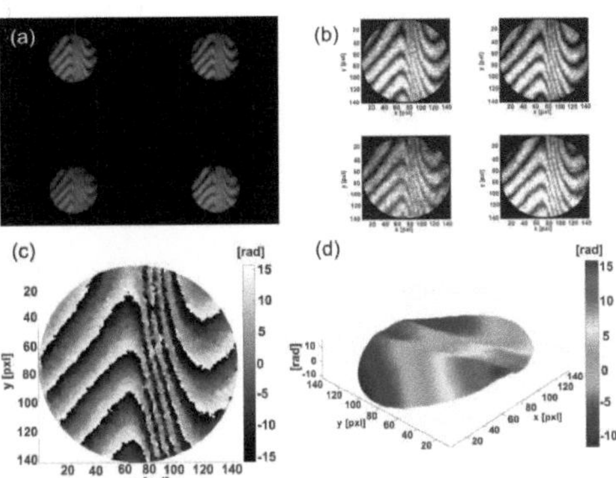

Figura 29. Objetos estáticos. Acetato tenso.

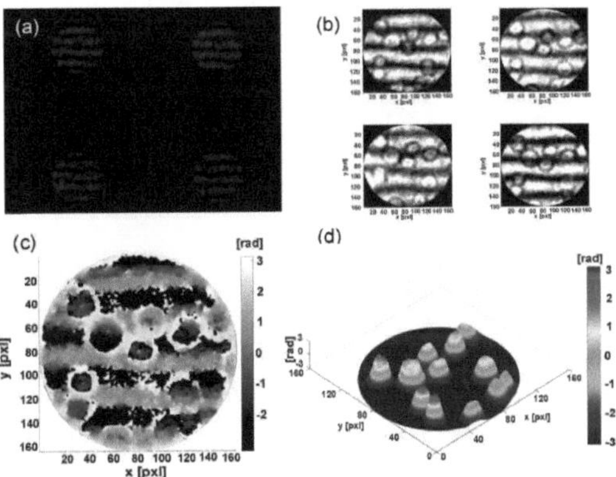

Figura 30. Objetos estáticos. Células sanguíneas humanas.

6.3. Análisis de objetos dinámicos

Para mostrar que el sistema tiene la capacidad de realizar mediciones de objetos con variaciones dinámicas, se colocó aceite sobre un portaobjetos, en uno de los brazos del IM, el flujo se movió por gravedad. En la figura 30 se muestran frames representativos de la fase obtenida con lo que se demuestra que el sistema propuesto tiene la capacidad de estudiar flujos de fase.

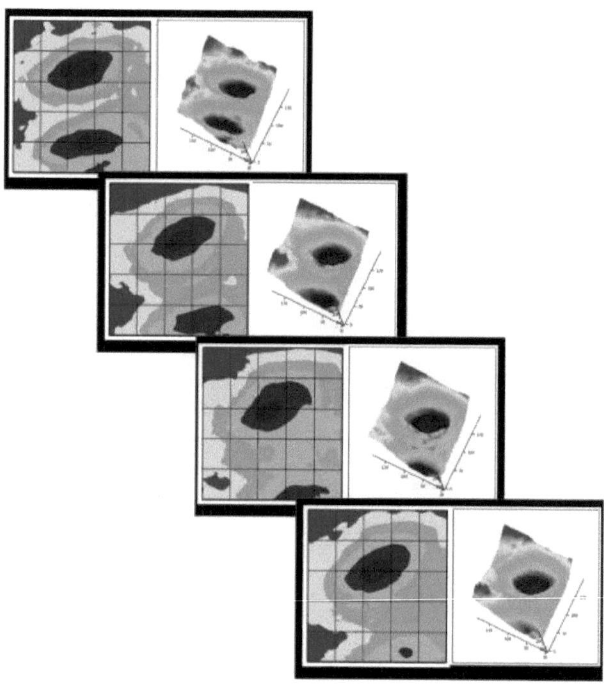

Figura 31. Muestra dinámica.

CAPÍTULO VII

CONCLUSIONES

Se desarrolló un sistema interferométrico para corrimiento de fase con un interferómetro de rejilla y modulación de polarización usando un interferómetro de Michelson acoplado a un Sistema $4f$ con rejilla de difracción. Con el Sistema desarrollado se pueden obtener 9 réplicas con intensidades comparables en una sola toma de la cámara, lo que permite extraer fase de distribuciones de fase estáticas y variables en el tiempo. Como este sistema se basa en modulación de polarización, está limitado a muestras no birrefringentes y/o que no cambien el estado de polarización del sistema.

Características innovadoras del sistema desarrollado.

1. Se puede encontrar la fase variable en el tiempo.
2. El sistema es mecánicamente muy estable.
3. Se capturan varios patrones de franjas con corrimiento mutuo adaptable en una sola toma.
4. La calibración del corrimiento es más sencilla de realizar que con otros elementos de propósito similar y más permanente.

Ventajas

1. s un interferómetro de Michelson de fácil implementación.

2. No se requieren micro-polarizadores para generar los corrimientos de fase

3. La rejilla de fase muestra más ordenes de difracción con interferogramas que pueden usarse para el caso de corrimientos de fase de más de 4 interferogramas.

5. El sistema se puede acoplar a otros interferómetros.

REFERENCIAS

[1] Rodríguez, G., Óptica Física. de Facultad Físico Matemáticas, Benemérita Universidad Autónoma de Puebla (2016)

Sitio web: www.fcfm.buap.mx/g

[2] Malacara D. Óptica Básica. México: Fondo de Cultura Económica. (2015).

[3] Eugene Hecht, Optics, Addison Wesley; Cuarta edición; USA, 2002.

[4] Cornejo-Rodríguez A., Ronchi test, in "Optical Shop Testing", c.9 in "Optical Shop Testing", 2nd ed., D. Malacara, ed. (Wiley, New York, 1992).

[5] Dandliker R, Heterodyne Holographic Interferometry ",Progress in Optics XVII(1980).

[6] Tipler P. A., Mosca G., Physics For Scientists and Engineers, (W H Freeman & Co, 2007)

[7] Gary Blough C., Rossi M., Stephen K. Mack, and Robert L. Michaels, "Single-point diamond turning and replication of visible and near-infrared diffractive optical elements," Appl. Opt. 36, 4648-4654 (1997).

[8] Jenkins & White, FUNDAMENTALS OF OPTICS, (Ed. Shirley Grall, 1965).

[9] Morris, M.N., Millerd, J., Brock, N., Hayes, J., Saif, B.: Dynamic phase-shifting electronic speckle pattern interferometer. Proc. SPIE 5869, 58691B-1 (2005).

[10] Wyant, J.C.: Dynamic interferometry. Opt. Photon. News 14(4),

36-41 (2003).

[11] Creath K., Phase-measurement interferometry techniques, Vol. 26 in Progress in Optics E. Wolf, Eds (North-Holland, 1998) 349-393.

[12] Wyant J. C., Dynamic Interferometry, Optics & Photonics News, 14(4), 36-41(2003).

[13] Wyant J. C., "White light extended source shearing interferometer," Appl. Opt. 13, 200-202(1974).

[14] Malacara D., Servin M. , and Malacara Z., "Phase detection algorithms," Chapter 6 inInterferogram Analysis for Optical Testing, Wiley, New York (2005).

[15] Serrano-García D.I, et al, "Simultaneous phase-shifting cyclic interferometer for generation of lateral and radial shear", Rev. Mex. Fís., 57(3), 255-258(2011).

[16] Toto-Arellano N.I., "Phase shifts in the Fourier spectra of phase gratings and phase grids: an application for one-shot phase-shifting interferometry," Opt. Express 16, 19330-19341 (2008).

[17] Noel-Ivan Toto-Arellano et al, "4D profile of phase objects through the use of a simultaneous phase shifting quasi-common path interferometer",J. Opt. 13 115502 (2011).

[18] García-Lechuga L., Resendiz-López G., Sandoval - Hernández M. A., Bonilla-Jiménez L. A., Martínez-Domíguez J. A., Toto-Arellano N.I., Flores Muñoz V.H., "Measurement of the slope of transparent micro-structures using parallel phase shifting interferometry", Latin America Optics an Photonics Conference OSA 2016.

[19] Wyant J. C., Phase measurement accuracy limitation in phase shifting interferometry ,Ph.D. Dissertation, The University of Arizona, Optical Sciences Center, Tucson, Arizona 85721, USA(1987).

[20] Kinnstaetter K., et al,Accuracy of phase shifting interferometry",Appl.Opt.27(1988).

[21] Ohyama N., Kinoshita S., Cornejo-Rodriguez A., Honda T., Tsujiuchi J., Accuracy of phase determination with unequal reference phase shift",JOSA-A, A5(1988).

[22] J.H. Bruning, D.H. Herriott, J.E. Gallagher, D.P. Rosenfeld, A.D. White, D.J. Brangaccio Digital wavefront measuring interferometer for testing optical surfaces and lenses ", *Appl. Opt.*__13__(1974).

[23] P. Hariharan, et al., Digital phase-shifting interferometry: a simple error compensating phase calculation algoritm, *Appl. Opt.*__26__(1987).

[24] Greivenkamp, J. E. (1995). Interference. in Handbook of Optics(pp. 2.3-2.43): McGraw-Hill, Inc.

[25] B. Barrientos-Garcia, A. J. Moore, C. Perez-Lopez, L. Wang, and T. Tschudi, Transient Deformation Measurement with Electronic Speckle Pattern interferometry by Use of a Holographic Optical Element for Spatial Phase Stepping," Appl. Opt. 38, 5944-5947 (1999).

[26] B. Barrientos-Garcia, A. J. Moore, C. Perez-Lopez, L. Wang, and T. Tschudi, Spatial Phase-Stepped Interferometry Using a Holographic Optical Element,"Opt. Eng. 38, 2069-2074 (1999).

[27] Noel-Ivan Toto-Arellano, Gustavo A. Gómez-Méndez, Amalia Martínez-García, Yukitoshi Otani, David I. Serrano-García, Juan Antonio Rayas, Gustavo Rodríguez-Zurita, and Luis García-Lechuga, "Dynamic parallel phase-shifting electronic speckle pattern interferometer," Appl. Opt. 59, 8160-8166 (2020).

[28] Gustavo A. Gómez-Méndez, Gustavo Rodríguez-Zurita, Amalia Martínez-García, Yukitoshi Otani, David I. Serrano-García, Luis García-Lechuga, and Noel Ivan Toto-Arellano, "Phase stepping through polarizing modulation in electronic speckle pattern interferometry," Appl. Opt. 59, 6005-6011 (2020).

[29] G. Rodriguez-Zurita, N.I. Toto-Arellano,C. Meneses-Fabian and J. Vazquez.Castillo,One-shot phase-shifting

interferometry: 5, 7, and 9 interferograms" ,Opt. Letters 33 (December 1, 2008).

[30] G. Rodriguez-Zurita, Cruz Meneses-Fabian, Noel-Ivan Toto-Arellano, José F. Vázquez-Castillo, and Carlos Robledo-Sánchez, "One-shot phase-shifting phase-grating interferometry with modulation of polarization: case of four interferograms," Opt. Express 16, 7806-7817 (2008)

[31] D. W. Robinson, G. T. Reid, Interferogram analysis: digital fringe pattern measurement techniques, Institute of Physics publishing (1993).

Printed by Books on Demand GmbH, Norderstedt / Germany